ABHANDLUNGEN DER DEUTSCHEN AKADEMIE
DER WISSENSCHAFTEN ZU BERLIN

Klasse für Mathematik und allgemeine Naturwissenschaften
Jahrgang 1954 Heft 3

F. DEUBEL

ZUR FRAGE DER UNTERIRDISCHEN ABWÄSSERVERSENKUNG IN DER KALI-INDUSTRIE

1954

AKADEMIE-VERLAG · BERLIN

Vorgetragen in der Gesamtsitzung vom 11. 2. 1954
Zum Druck genehmigt am gleichen Tage, ausgegeben am 20. Oktober 1954

Erschienen im Akademie-Verlag, GmbH., Berlin W 8, Mohrenstraße 39
Veröffentlicht unter der Lizenz 1218
des Amtes für Literatur und Verlagswesen der Deutschen Demokratischen Republik
Gesamtherstellung: Druckerei „Thomas Müntzer" Langensalza
Kartengenehmigung: MdI der DDR Nr. K 11/1595
Bestell- und Verlagsnummer: 2001/54/I/3
Preis DM 2,40
Printed in Germany

Der deutsche Kalibergbau hat sich gegenwärtig — namentlich in den beiden großen Revieren an der Werra und am Südharz — mit mehrfachen Schwierigkeiten auseinander zu setzen. Die eine Schwierigkeit beruht für manche Gruben in der starken Verwachsung des Hartsalzes mit Carnallit, wobei als andere Schwierigkeit Erschwernisse in den Aufschlußarbeiten auftreten. In beiden Fällen sind die Gruben vor die Notwendigkeit gestellt, in verstärktem Umfange Carnallit bzw. ein Mischrohsalz von wechselnder Zusammensetzung aus Hartsalz und Carnallit zu verarbeiten. Eine zweite Schwierigkeit wird durch die erste ausgelöst. Sie besteht darin, daß durch die verstärkte Verarbeitung von Carnallit größere Endlaugenmengen anfallen, die nicht ohne weiteres den Vorflutern übergeben werden können. Schließlich liegt eine dritte Schwierigkeit in dem Auftreten von Gasen, und zwar von Kohlendioxyd im Werrakalirevier, von kohlenwasserstoffreichen Gasen am Südharz. In beiden Revieren ist das Auftreten der Gase mit erheblichen betrieblichen Erschwerungen verbunden.

Wenn ich mich in folgendem mit einem der aufgezeigten Probleme etwas näher beschäftigen darf, so ist dies die Frage der *Abwässerbeseitigung in dem größten unserer Kaligebiete, d. h. im Kalirevier der Werra*, namentlich die Frage der unterirdischen Abwässerversenkung.

Wie bekannt, liegen im Werragebiet fünf große Anlagen, nämlich die Kaliwerke Kaiseroda, Heiligenroda, Unterbreizbach, Hattorf bei Philippsthal und Wintershall bei Heringen — die beiden letztgenannten heute jenseits der Demarkationslinie —. Bedingt durch günstige Gewinnungsmöglichkeiten und den Kieseritgehalt der Salze ist die arbeitstägliche Verarbeitung von Rohsalz im Werragebiet in den letzten Jahrzehnten außerordentlich rasch angestiegen. Sie betrug im Jahre 1921 rd. 5000 t, im Jahre 1938 18000 t und hat sich seither wesentlich gesteigert. Entsprechend der Zunahme der Rohsalzverarbeitung erhöhte sich natürlich sehr rasch die Menge der salzreichen Abwässer, die ursprünglich nur in die Werra bzw. Weser abgeleitet werden konnten. Bei dem Stand der Rohsalzverarbeitung im Jahre 1923 wäre es auf Grund von Berechnungen möglich gewesen, in der Werra und Weser folgende Versalzungsgrenzen einzuhalten:

	Gesamtchlor	Gesamthärte
Werra bei Gerstungen	1781 mg/l	63,1°
Werra bei Hann. Münden	963 mg/l	39,8°
Weser bei Bremen	350 mg/l	23,0°

An der Versalzung des Weserwassers bei Bremen waren damals noch die Kaliwerke in der Gegend von Fulda und mehrere Werke im Gebiet der Aller und Leine beteiligt. In der Folgezeit spielten die letztgenannten Werke keine wesentliche Rolle mehr, da die meisten niedersächsischen Carnallitgruben und auch die Kaliwerke an der oberen Fulda stillgelegt wurden.

Die zuständigen Ministerien in Preußen, Thüringen und Braunschweig erklärten sich mit der Konzession eines maximalen Chlorgehaltes von 350 mg/l in der Weser bei Bremen einverstanden. Der Staat Bremen erhob jedoch Klage beim Staatsgerichtshof wegen zu starker

Versalzung des Weserwassers und des Grundwassers in der Weseraue, das zum Teil der Trinkwasserversorgung zugeführt wurde. Die Klage endete im Jahre 1928 mit einem Vergleich, auf Grund dessen Bremen eine zusätzliche Wasserversorgung aus Trinkwassertalsperren im Westharz erhalten konnte.

Die nach dem Jahre 1923 einsetzende Stillegung vieler Kaliwerke, — insbesondere Carnallitgruben — die eine erhöhte Produktion, namentlich für die Werke an der Werra, zur Folge hatte, bedingte zusammen mit dem steigenden Absatz an schwefelsauren Salzen eine derartige Zunahme der Rohsalzverarbeitung, daß die anfallenden Kaliabwässer nicht mehr von der Werra allein aufgenommen werden konnten, sofern man nicht die oben angegebenen Höchstwerte für Härte und Chlor im Wasser der Werra erheblich überschreiten wollte. In dieser für die Kaliindustrie sehr kritischen Situation wurde durch den damaligen Präsidenten der Preußischen Geologischen Landesanstalt, Professor Dr. Franz Beyschlag und seinen Mitarbeiter Bergrat Dr. Ernst Fulda der Vorschlag gemacht, einen Teil der Endlaugen in den klüftigen Plattendolomit des Oberen Zechsteins im Hangenden der Kalisalzlagerstätte zu versenken. Über die Klüftigkeit und Wasserführung des Plattendolomits war man durch die Erfahrungen unterrichtet, die man beim Abteufen fast aller Kalischächte an der Werra gemacht hatte.

Im Gebiet des Kaliwerkes Kaiseroda wurde im Jahre 1925 das erste Versenkbohrloch niedergebracht. Es erreichte den 22 m mächtigen Plattendolomit bei 162 m Teufe. Oberhalb des Plattendolomits wurde das Bohrloch verrohrt und bis zu Tage zementiert. Die Versenkung der spezifisch schweren Endlaugen erfolgte durch eine eingehängte innere Rohrtour, die im Bereich des Plattendolomits perforiert war. Aus dem Bohrloch floß zunächst ein schwachsalziges Wasser (spezifisches Gewicht etwa 1,01) aus, das der Plattendolomitregion entstammte. Nach Einleitung der schweren Endlaugen (spezifisches Gewicht $\sim$ 1,2) wurde das schwachsalzige Plattendolomitwasser zurückgedrängt; die schwere Endlauge floß ab. Das Versenkbohrloch nahm zunächst 5500 m^3 Endlauge ohne Druck, später 1400 m^3 Endlauge täglich bei einem Überdruck von 8 atü auf.

Der beachtliche Erfolg dieses ersten Bohrloches führte dazu, daß im Laufe der folgenden Jahre sämtliche Werke „Schluckbrunnen" niederbrachten, deren Aufnahmefähigkeit jedoch sehr unterschiedlich war. Zahlreiche Bohrungen erwiesen sich als nicht aufnahmefähig.

Bei Beginn des Versenkungsbetriebes im Jahre 1925 ging man von der Vorstellung aus, daß der Plattendolomit durch die tonigen Unteren Letten des Oberen Zechsteins gegen das Liegende und durch die ebenfalls tonigen Oberen Letten gegen die hangenden Buntsandsteinschichten *im allgemeinen* dicht abgeschlossen wäre. Man nahm daher weiterhin an, daß die versenkten Endlaugen ganz überwiegend im Plattendolomit verbleiben und im Austausch gegen das darin enthaltene schwachsalzige Wasser dem Einfallen entsprechend in südlicher Richtung abfließen müßten. Dabei war man sich anfangs offenbar nicht darüber klar, daß die Abflußgeschwindigkeit nicht sehr groß und jedenfalls wesentlich geringer als die Einleitungsgeschwindigkeit in den Schluckbrunnen sein würde. Man rechnete damit, daß die versenkten Abwässer allmählich in das südlich des Werratales gelegene Gebiet abwandern würden. Selbstverständlich war eigentlich damals schon anzunehmen, daß die schwachsalzigen Grundwässer des Plattendolomits in entgegengesetzter Richtung aufsteigen und irgendwie die Tagesoberfläche erreichen würden.

Nachdem bis zum Ende des Jahres 1941 mehr als 65 Millionen m^3 Kaliabwässer in den Plattendolomit versenkt und an mehreren Stellen des Versenkraumes Anzeichen für den Aufstieg von Salzwässern — zum Teil auch geringer Endlaugenmengen — beobachtet worden waren, erhielt ich auf Veranlassung des Oberbergamtes Clausthal den Auftrag, zu der seitherigen und künftigen Versenkung von Kaliabwässern amtlich Stellung zu nehmen. Ein gleicher Auftrag wurde mir nochmals im Jahre 1948 erteilt, nachdem die Versenkung auf rund 92 Millionen m^3 angestiegen war. Über die Ergebnisse dieser alle Einzelheiten des Problems umfassenden Untersuchungen ist nichts veröffentlicht worden. In den Berichten der Abwassertechnischen Vereinigung e.V., Heft 3 (Verlag von R. Oldenbourg, München) ist im Jahre 1952 ein eingehender Aufsatz von Dr. F. SEIFERT in Kassel[1]) über die Abwässerfrage in der Kaliindustrie publiziert worden, der zum Teil auch die Ergebnisse der oben genannten Untersuchungen enthält. Diese Veröffentlichung gibt Veranlassung, über die unterirdische Versenkung von Kaliabwässern kurz zu berichten, zumal sich aus dem künftigen Verlauf dieses Verfahrens der Abwässerbeseitigung wichtige Konsequenzen für die deutsche Kaliindustrie zu ergeben scheinen.

Grundlagen der Endlaugenversenkung im Werrakaligebiet

Der Plattendolomit des Oberen Zechsteins ist eine kalkig-dolomitische Gesteinsserie, die im eigentlichen Werrakaligebiet 20 bis 25 m Mächtigkeit besitzt und von den überwiegend tonig entwickelten Schichtenfolgen der Unteren und Oberen Letten unter- bzw. überlagert wird. Er gliedert sich in das *Normalprofil* des Werrakaligebietes wie folgt ein:

Hangendes: Buntsandstein	
Bröckelschiefer (Basisschichten des unteren Buntsandsteins)	ca. 35 m
Obere Letten des Oberen Zechsteins	10 m
Plattendolomit des Oberen Zechsteins	20—25 m
Untere Letten des Oberen Zechsteins	35 m
Steinsalz der Staßfurtserie	0— 5 m
Aequivalent des Basalanhydrits	10 m
Braunroter Salzton	10 m
Oberes Steinsalz der Werraserie	100 m
Oberes Kalilager (Flöz Hessen)	3 m
Mittleres Steinsalz der Werraserie	60 m
Unteres Kalilager (Flöz Thüringen)	3 m
Unteres Steinsalz der Werraserie	100 m
Anhydrit und Anhydritknotenschiefer	10 m
Zechsteinkalk	5— 7 m
Kupferschiefer	0,5— 1 m
Zechsteinkonglomerat und Weißliegendes	bis 5 m
Liegendes: Oberrotliegendes.	

Die Gesteinsserie der Plattendolomitregion liegt im Werragebiet meist als schwach dolomitischer — manchmal fast reiner — Kalkstein vor, der in der Regel nur in seinen Basisschichten in stark dolomitischen Kalk bis reinen Dolomit übergeht. Ausnahmen von dieser Regel sind aus mehreren Bohrprofilen bekannt.

Die verhältnismäßig spröde Gesteinsbeschaffenheit des Plattendolomits bringt es mit sich, daß dieser zur Bildung steilstehender *Klüfte* neigt, die untereinander — besonders durch Schichtfugen — über mehr oder weniger große Flächen in Verbindung stehen können. Das *Kluftvolumen* hat man auf 10% des gesamten Gesteinsvolumens geschätzt. Eine Abhängigkeit der Klüftigkeit von besonderen — etwa tektonisch stärker beanspruchten — Zonen ist zwar wahrscheinlich, bisher aber nicht mit Sicherheit nachweisbar gewesen. Es steht indessen fest, daß das Gesteinsgefüge des Plattendolomits in größeren Teufen dichter und geschlossener ist, so daß also mit zunehmender Tiefe die Laugenaufnahmefähigkeit allgemein abnimmt. Diese Beobachtung konnte nicht nur im Werragebiet, sondern auch bei neueren Bohrungen in anderen Gebieten gemacht werden.

[1]) Nach einem Vortrag im Westdeutschen Wasserwirtschaftsverband am 1. Sept. 1951 in Essen.

Während der Plattendolomit nördlich der Linie Creuzburg—Eisenach—Gotha—Erfurt in den Hauptanhydrit der Niedersachsenserie übergeht (vgl. Anlage 1), vollzieht sich südlich der Linie Hersfeld—Tann—Zella—Meiningen—Hildburghausen der Übergang in eine vorwiegend *tonig* entwickelte Fazies, in der nur noch einzelne geringmächtige Dolomitbänke oder -lagen den Plattendolomit vertreten. Sowohl im Nordosten als insbesondere auch im Südwesten und Süden des Werrakaligebietes ist die Plattendolomitregion aus Faziesgründen für Laugen nicht aufnahmefähig. *Die Möglichkeit, in den Plattendolomit Endlaugen zu versenken, bleibt also im wesentlichen auf das engere und weitere Werrakaligebiet beschränkt.*

Die *Mächtigkeiten* des Plattendolomits im Werragebiet und seiner weiteren Umgebung sind in der beifolgenden Anlage 1 (Übersicht über die Faziesbereiche usw.) in Kurven dargestellt. Aus dieser Karte geht hervor, daß der Plattendolomithorizont im Bereich der Kaliwerke 20 bis 25 m dick ist; nur in einem schmalen, südwest-nordöstlich verlaufenden Streifen im Gebiet der Schächte Herfa—Neurode, Wintershall—Heringen und Abteroda wird die Mächtigkeit von 25 m überschritten. In der weiteren Umgebung des Bergbaugebietes liegt die Mächtigkeit fast durchweg unter 20 m.

Die *Lagerungsverhältnisse* des Plattendolomits gehen aus der beifolgenden Übersichtskarte zur Endlaugenversenkung im Werra-Kalirevier (Anlage 2) hervor. Die Karte zeigt unter Berücksichtigung von Tagesaufschlüssen, Schächten und Bohrungen die Höhenlage der Plattendolomitoberfläche in Metern über bzw. unter Normalnull. Bei der Unzulänglichkeit zahlreicher älterer Schichtenverzeichnisse und der ungleichmäßigen Verteilung der Bohrlöcher über das untersuchte Gebiet kann die Karte naturgemäß nur ein den wirklichen Verhältnissen angenähertes Bild geben; trotzdem ist die Genauigkeit für den vorliegenden Zweck genügend.

Aus der Karte ergibt sich, daß der Plattendolomit von den Rändern des Thüringer Waldes und Richelsdorfer Gebirges, wo er in 300—400 m Meereshöhe ausstreicht, im großen und ganzen in südwestlicher Richtung einfällt. Das Strukturbild weist jedoch kein gleichmäßiges Abfallen der Plattendolomitoberkante, sondern ein durch tektonische und atektonische (Auslaugungs-) Vorgänge beeinflußtes Relief auf, in dem im Norden insbesondere die Senken von Hönebach und Gerstungen, südlich davon der von Obersuhl über Alexandershall und die Schächte Heiligenroda verlaufende flache Sattel auffallen. Von besonderer Bedeutung sind ferner die Senke von Horschlitt (ein südöstlicher Ausläufer der Gerstunger Mulde) und die Senke von Sünna—Vacha—Oberzella. Als markante Aufwölbungen heben sich die nordsüdlich bzw. nordnordöstlich streichenden Sättel von Pferdsdorf und Oberrhon heraus. Wichtige Störungslinien sind der Westabbruch des Richelsdorfer Gebirges und die Störung von Urnshausen, die sich wahrscheinlich in Gestalt einer flachen flexurartigen Abbiegung in nordwestlicher Richtung von Urnshausen bis in die Gegend von Vacha fortsetzt. Höchstwahrscheinlich verläuft eine ähnliche Störung mit abgesunkenem Südwestflügel auch durch die Breitunger Senke südöstlich Bad Salzungen.

Von großer Bedeutung für die Endlaugenversenkung sind *Zersetzungsvorgänge*, die sich im Plattendolomit unter dem Einfluß von Salzwasser und insbesondere von Kohlensäure abgespielt haben. Die Zersetzung des Gesteins nimmt ihren Ausgang von Rissen und Klüften und führt — zuerst in kleinem Umfang, später zunehmend — zu einer Zerstörung des festen Gesteinsgefüges und zu einem Zerfall in lockeren Kalk — bzw. Dolomitsand, der schließlich vollständig aufgelöst oder durch Grundwasserbewegungen mechanisch fortgeführt werden kann. Insbesondere scheinen die rein kalkig entwickelten Zonen der Plattendolomitregion von diesen Zersetzungsvorgängen betroffen zu sein. Derartig zersetzten Plattendolomit mit größeren, schlauchartigen Hohlräumen haben mehrere Schächte und eine größere Zahl von Tiefbohrungen angetroffen. Soweit sich bisher übersehen läßt, findet sich sandig zersetzter Plattendolomit insbesondere nordöstlich einer von Bengendorf über Lengers, Vacha, Dorndorf und Langenfeld verlaufenden Linie, d. h. in einem Gebiet, in dem in gewissem Umfang

Grundwasserbewegungen im Plattendolomit wahrscheinlich sind. Die Grundwasserbewegungen beruhen im wesentlichen darauf, daß vom Ausgehenden, insbesondere vom Südwestrand des Thüringer Waldes her, Wässer in den Plattendolomit eindringen und aus diesem an Störungszonen oder über Auslaugungssenken — d. h. im Bereich eines wasserdurchlässigen Deckgebirges — wieder zur Erdoberfläche emporsteigen. Die oben genannte Linie bezeichnet die südwestliche Begrenzung der Grundwasserbewegungen im Plattendolomit auch insofern, als die — wohl durchgängig aus dem Plattendolomit gespeisten — Solquellen des Werragebietes *fast ohne Ausnahme* nordöstlich von ihr liegen.

Wenn in dem beschriebenen Gebiet, d. h. zwischen Thüringer Wald und der Linie Bengendorf—Lengers—Vacha—Langenfeld—Rosa—Helmers die Aufnahmefähigkeit des Plattendolomits für Endlaugen durch natürliche Zersetzungsvorgänge im Gestein begünstigt wird, so kommt hinzu, daß der Plattendolomit in dieser Zone durch *Auslaugung* des Steinsalzes (vgl. Anlage 2) vielerorts weitgehend aufgelockert und auch dadurch aufnahmefähiger geworden ist. Außerdem wird sich die Auflockerung der hangenden Schichtverbände des Buntsandsteins dahin auswirken, daß örtlich größere Laugenmengen in das Deckgebirge eintreten und sich in diesem ausbreiten können. Aus dieser Überlegung darf jedoch nicht gefolgert werden, daß ausgesprochene Auslaugungsbereiche für den Ansatz von Schluckbrunnenbohrungen besonders geeignet wären.

Zusammenfassend ergibt sich aus dem vorstehenden geologischen Überblick für die Endlaugenversenkung im Plattendolomit folgendes:

1. Aus Faziesgründen kommt für eine Versenkung von Endlaugen im Plattendolomit nur das eigentliche Werrakaligebiet in Betracht. Südlich davon, unter der Rhön, geht der Plattendolomit in eine tonige, nördlich in die Hauptanhydritfazies über. *Beide Fazies sind für die Aufnahme von Endlaugen nicht geeignet.*
2. In größeren Tiefen zeigt der Plattendolomit erfahrungsgemäß eine dichte Gesteinsbeschaffenheit und ist dementsprechend für Laugen wenig aufnahmefähig. In geringerer Tiefe, d. h. nach dem Ausgehenden zu, ist das Gestein unter dem Einfluß von Sole und Kohlensäure zersetzt und infolge von Grundwasserbewegungen bis zu einem gewissen Grade ausgewaschen. Es nimmt daher Laugen im allgemeinen leichter auf. Hinzu kommt, daß das Gefüge des Plattendolomits in diesen Gebieten infolge Auslaugung des liegenden Steinsalzes vielfach gelockert ist und den versenkten Endlaugen örtlich auch der Aufstieg in den nachgebrochenen, klüftigen Unteren Buntsandstein ermöglicht wird.

Seit dem Jahre 1925 sind bedeutende Mengen an Kaliabwässern in den Plattendolomit versenkt worden. Bereits Ende des Jahres 1941 hatte die Versenkung den Betrag von 65 Millionen m^3 erreicht; Ende 1950 waren die versenkten Abwässermengen auf 130 Millionen m^3 angestiegen. Die bis Ende 1953 von sämtlichen Werken versenkten Endlaugenmengen können auf etwa 170 Millionen m^3 geschätzt werden. Die jährliche Versenkung hängt natürlich von der Wasserführung der Werra, d. h. von den Niederschlägen ab. Zur Zeit beträgt die durchschnittliche jährliche Versenkung rund 12 Millionen m^3. Die Aufnahmefähigkeit der Schluckbrunnen ist je nach der Klüftigkeit des Plattendolomits sehr verschieden. Die Schluckfähigkeit liegt in günstigen Fällen (etwa 25% der niedergebrachten Bohrungen) zwischen 300 bis 400 m^3 je Stunde. Dabei ist es natürlich für den Betrieb der Versenkbohrungen von großer Bedeutung, ob die Versenkung mit geringem oder größerem Überdruck vorgenommen werden muß. Es unterliegt keinem Zweifel, daß das im Plattendolomit enthaltene schwachsalzige Grundwasser durch die Einleitung der spezifisch schweren Abwässer verdrängt wird und in gleicher Menge wieder an die Erdoberfläche gelangt, wie Endlauge zugeführt wird. Beim Aufstieg des verdrängten schwachsalzigen Grundwassers werden naturgemäß die Gebiete bevorzugt, in denen das Deckgebirge durch Auslaugungsvorgänge oder durch tektonische Einflüsse eine Auflockerung erfahren hat. Es kann weiterhin keinem Zweifel unterliegen, daß der Austritt schwachsalzigen Grundwassers vorzugsweise in tiefliegenden Gebieten, also vornehmlich im Werratal selbst, erfolgen muß.

Die *Abwässer der Kaliwerke* an der Werra bestehen — solange noch vorwiegend Hartsalz verarbeitet wird — zum weitaus größten Teil aus sogenannten Kieseritwaschwässern, d. h. aus Steinsalzlaugen von hohem spezifischem Gewicht (annähernd 1,2), die bei der Trennung von Kieserit und Chlornatrium anfallen.

Wird Carnallit verarbeitet, was in absehbarer Zeit in zunehmendem Maße der Fall sein dürfte, so entstehen bei Herauslösen des Chlormagnesiums aus dem carnallitischen Rohsalz die eigentlichen „Endlaugen", d. h. sehr schwere Abwässer (spezifisches Gewicht fast 1,3), die ganz überwiegend Chlormagnesium führen.

Die übrigen Abwässer der Kaliwerke, die sich bei der Weiterverarbeitung der Hauptprodukte, nämlich Chlorkalium und Magnesiumsulfat ergeben, also z. B. die Abwässer aus der Chlorkaliumfabrikation, aus der Gewinnung von Kalimagnesia und aus der Glaubersalzherstellung, treten mengenmäßig gegenüber den erstgenannten zurück.

Für die Praxis der Abwässerableitung in die Vorfluter bzw. für die Versenkung der Abwässer in den Untergrund ergibt sich daraus, daß bei überwiegender Hartsalzverarbeitung in den Abwässern der Chlornatriumgehalt entscheidend sein wird. Nimmt aber die Carnallitverarbeitung größeren Umfang an — und das gilt nicht allein für die Kaliwerke an der Werra, sondern auch für die übrigen Reviere —, so wird sich neben der Zunahme an Chloriden auch die Härte der Abwässer wesentlich erhöhen.

Erfolgt der Abstoß von Kaliabwässern direkt in die Vorfluter, so lassen sich die chemischen Veränderungen im Wasser der Vorfluter leicht übersehen, da ja einerseits die Flußwasserführung und andererseits die Menge und die chemische Zusammensetzung der durch die Kaliwerke eingeleiteten Abwässer bekannt sind.

Schwieriger liegen die Verhältnisse, wenn es sich darum handelt, über den Verbleib versenkter Abwässer im tieferen Untergrund, bzw. über das Wiederauftreten solcher Abwässer an der Erdoberfläche ein Urteil abzugeben. Es war bereits oben darauf hingewiesen worden, daß im Werrakaligebiet infolge der Versenkung von Kaliabwässern in den Plattendolomit das in diesem Gesteinshorizont befindliche schwachsalzige Wasser verdrängt wird und in gleicher Menge an die Oberfläche gelangt, wie Endlauge dem Untergrund zugeführt wird. Nach den bisherigen Erfahrungen können die Beobachtungen über den durch Abwässerversenkung verursachten Aufstieg von Grundwasser wie folgt zusammengefaßt werden:

1. Die Schüttung vorhandener, meist schwachsalziger Quellen kann sich erhöhen.
2. In bestimmten Gebieten können bisher nicht vorhanden gewesene Quellen auftreten.
3. Aus unzureichend verrohrten älteren Bohrungen kann Wasser ausfließen.
4. Im Bereich orographisch tief gelegener Salzauslaugungsbezirke, in denen das Deckgebirge durch eine $\pm$ fortgeschrittene Auslaugung von Steinsalz im tieferen Untergrund gelockert ist, kann ein Ansteigen des Grundwasserspiegels erfolgen.
5. In allen diesen Fällen wird sich allmählich eine Zunahme des Chloridgehaltes des ausfließenden bzw. ansteigenden Grundwassers bemerkbar machen.
6. Schließlich wird sich die Beimengung versenkter Kaliabwässer dadurch zu erkennen geben, daß sich in der chemischen Zusammensetzung des Wassers das Verhältnis Ca:Mg zugunsten des Magnesiums verschiebt. Die Erfahrung hat gezeigt, daß in den durch Kaliabwässer nicht beeinflußten schwachsalzigen Grundwässern des Plattendolomits das Verhältnis Ca:Mg in der Regel 1:0,2, höchstens 1:0,3 beträgt. Ändert sich dieses Verhältnis wesentlich (in besonderen Fällen bis zu 1:5,6), so ist mit Sicherheit anzunehmen, daß in dem aufsteigenden Grundwasser, das dann natürlich auch einen höheren Chloridgehalt aufweist, eine Mischung mit Kaliabwässern vorliegt.

Um über den *Verbleib der versenkten Kaliabwässer* und über den Aufstieg tieferer Grundwässer aus dem Plattendolomit und dem Buntsandstein eine Kontrolle zu haben, wurden bereits kurz nach Aufnahme des Versenkbetriebes zahlreiche Quellen im engeren und weiteren Werrakalirevier beobachtet. Darüber hinaus wurde bei allen neueren Bohrungen die Wasserführung des Plattendolomits mengenmäßig und in bezug auf die chemische Zusammensetzung eingehend untersucht. Schließlich wurden in den meisten Schächten die Tübbings im Bereich der Plattendolomitregion zur Entnahme von Wasserproben vorgerichtet. Die große Zahl der seit mehr als 25 Jahren durchgeführten Beobachtungen gibt die Möglichkeit, über das Verhalten der Versenklaugen im Plattendolomit und im Buntsandstein sowie über die Auswirkung der Abwässerversenkung an der Erdoberfläche ein hinreichend sicheres Urteil abzugeben. Darüber sollen im folgenden einige kurze Mitteilungen gemacht werden.

Erfahrungen über den bisherigen Versenkbetrieb im Werrakaligebiet

Durch den *bisherigen Versenkbetrieb* wurde der *Raum zwischen Kaiseroda und Vacha* am stärksten in Anspruch genommen. In diesem Gebiet wurden bis Ende 1952 sicher mehr als 86 Millionen m³ Endlauge in den Plattendolomit eingeleitet. Bereits kurz nach Aufnahme des Versenkbetriebes machte man die Beobachtung, daß sich der Versenkdruck rasch und über große Entfernungen fortpflanzt. So sind seit September 1928 unmittelbar östlich Vacha mehrere Salzquellen aufgetreten, die im Laufe der Jahre sowohl an Salzgehalt als auch an Schüttung erheblich zugenommen haben. Die Quellen steigen aus dem Plattendolomit auf Spalten im Buntsandstein auf und liegen einerseits auf rheinisch gerichteten, vielleicht von Basaltgängen begleiteten Spalten im Bereich der Oberzellaer Auslaugungssenke, andererseits in der Fortsetzung einer flexurartigen Störungszone, die sich von Urnshausen in nordwestlicher Richtung an den Grubenbauen der Werke Menzengraben und Dietlas vorbei bis in die Gegend nördlich des Kaliwerkes Hattorf erstreckt. Die Chlorgehalte der Quellen sind im Laufe der Jahre bis auf 34 g/l angestiegen. Die Quellen reagieren nach den durchgeführten Versenkversuchen auf die Versenkung im Schluckbrunnen Heiligenroda I (Entfernung 3 km) nach einigen Tagen und auf die Versenkung in Kaiseroda I (Entfernung 8 km) nach etwa 4 Wochen. Endlauge läßt sich in den Vachaer Quellen seit dem Jahre 1942 durch eine Zunahme des Chlormagnesiumgehaltes (seit 1951 Ca:Mg = 1:1) nachweisen. Im Anschluß an die durch das Kriegsende bedingte vorübergehende Einstellung der Endlaugenversenkung im Frühjahr 1945 versiegten die Vachaer Quellen vollständig. Nach Wiederaufnahme der Versenkung traten sie wieder verstärkt in Tätigkeit.

Sehr deutliche Beziehungen bestehen zwischen der Versenkung in Kaiseroda und dem Wasserauslauf aus der Schluckbrunnenbohrung Schrammenhot am Kaliwerk Menzengraben. Der Schluckbrunnen Schrammenhof, der sich praktisch nicht als laugenaufnahmefähig erwies, ist von dem Schluckbrunnen Kaiseroda III 3,5 km, von Kaiseroda I fast 5 km entfernt. Er beginnt überzulaufen, sobald die Versenkung in Kaiseroda etwa 5000 m³ pro Tag überschreitet.

Der Einfluß des Versenkdruckes vermindert sich infolge des Reibungswiderstandes im Gestein naturgemäß mit zunehmender Entfernung vom Schluckbrunnen. Immerhin zeigen die Beobachtungen — insbesondere an den Vachaer Quellen, die 8 km vom Schluckbrunnen Kaiseroda I entfernt liegen —, daß sich der Versenkungsdruck auf recht große Entfernungen noch deutlich bemerkbar macht und andere Schluckbrunnen in einem verhältnismäßig großen Umkreis beeinträchtigen kann.

Über die *Ausbreitung der eingeleiteten Endlaugen* im Untergrund liegen im Gebiet von *Kaiseroda und Heiligenroda* ebenfalls Beobachtungen von grundlegender Bedeutung vor.

Es hat sich zunächst gezeigt, daß die frühere Annahme eines Laugenabflusses im Plattendolomit in Richtung des Schichtfallens nur in sehr beschränktem Umfang zutrifft. In den Wasserproben, die seit 1937 regelmäßig aus der Plattendolomitregion des Schachtes Menzengraben II gezogen worden sind, konnte z. B. bisher Endlauge noch nicht nachgewiesen werden. Auch eine Zunahme des Gesamtsalzgehaltes ist nicht erkennbar. In den Schächten Kaiseroda III und Kaiseroda I hat die Untersuchung des Plattendolomitwassers im Laufe der letzten Jahre eine Zunahme des Gesamtsalzgehaltes, im Schacht Kaiseroda III bis 1941 auch eine Zunahme des Chlormagnesiumgehaltes ergeben. Besonders deutlich war der Einfluß der Endlaugenversenkung im Schacht Kaiseroda III bei der Untersuchung im November 1947. Das in 265 m Teufe entnommene Plattendolomitwasser hatte zu dieser Zeit bei einem NaCl-Gehalt von 55,9 g einen Gehalt von 13,1 g $MgCl_2$. Es zeigt sich also, daß sich die Endlauge — wenn auch langsam und nicht ganz gleichmäßig — in Richtung auf die Schächte verschiebt.

Im August 1947 floß nach dem Jahresbericht der Amtlichen Flußüberwachungsstelle Gerstungen aus dem nicht in Betrieb befindlichen Schluckbrunnen Heiligenroda III (am Ostrand von Dorndorf) Salzwasser aus, das bei einem Chlorgehalt von 43,8 g/l einen Gehalt von 1068 mg/l Ca und 5515 mg/l Mg aufwies. Das ausfließende Salzwasser stellte demnach ein Gemisch von Plattendolomitwasser und Endlauge dar. Das Bohrloch wurde abgedichtet.

Im Norden des Versenkungsraumes haben die in den Schächten Heiligenroda I, II und III angestellten Untersuchungen noch keine wesentlichen Veränderungen des Plattendolomitwassers ergeben. Hier ist weder eine gleichmäßige Zunahme des Gesamtsalzgehaltes noch ein Einfluß von Endlauge erkennbar.

Im Osten hatte der Schacht Salzungen bis zum Jahre 1942 keine nennenswerten Schwankungen der Zusammensetzung des Plattendolomitwassers gezeigt. Auch in der neueren Zeit weisen die an der Unterkante des Plattendolomits (bei 130 m Teufe) entnommenen Salzwasserproben keine auffälligen Veränderungen auf. Demgegenüber zeigen jedoch die an der Oberkante des Plattendolomits (bei 110 m Teufe) gezogenen Proben seit 1946 eine gleichmäßige Zunahme des Salzgehaltes, wenn auch keine deutliche Steigerung des Gehaltes an Chlormagnesium.

Die Zusammensetzung der aus dem Plattendolomit stammenden sogenannten „Wilden Solen" in den Bohrlöchern der Saline Bad Salzungen zeigt bisher noch keine auffälligen Veränderungen und auch in der Solquelle Unterrhon ist ein Zufluß von Endlauge noch nicht mit Sicherheit nachweisbar. Immerhin ist an beiden Stellen im Laufe der Zeit mit einer Reaktion auf die Endlaugenversenkung im Raume Kaiseroda zu rechnen.

Von der Mitteilung neuerdings beobachteter, vorläufig aber noch unbedeutender Salzwasseraustritte in und bei Vacha soll abgesehen werden, obwohl kein Zweifel besteht, daß es sich um Auswirkungen der Abwässerversenkung handelt.

Ebenso sind in den letzten Jahren (seit 1950) ein Ansteigen des Grundwassers zwischen Vacha und Unterzella sowie der Austritt schwachsalzigen Grundwassers in Oberzella festgestellt worden.

Im Norden der Schluckbrunnen des Kaliwerkes Kaiseroda hat sich seit 1935 ein Ansteigen des Grundwasserspiegels im Bereich der Auslaugungssenke von Kieselbach erkennen lassen. Hier ist zudem in einer Quelle ein Chlorgehalt von 6 g/l bei einem Verhältnis Ca:Mg wie 1:0,5 als Folge der Laugenversenkung ermittelt worden.

Ein sehr deutlicher Zufluß von Endlauge hat sich seit dem Jahre 1935 in dem *Wiesengelände westlich Tiefenort* und später auch im Ortsbereich von Tiefenort bemerkbar gemacht. Das von dem Endlaugenaufstieg betroffene Gebiet bildet eine große Auslaugungssenke von nahezu kreisrunder Gestalt mit einem Durchmesser von etwa 1,5 km. Im Bereich dieser Auslaugungssenke ist der Plattendolomit über dem ausgelaugten Steinsalz nachgebrochen und außerordentlich klüftig. Ebenso ist das Deckgebirge durch Einsturzvorgänge weitgehend aufgelockert und dadurch in hohem Grade wasserdurchlässig geworden. Eine der dortigen Quellen zeigte nach ihrer Fassung im Jahre 1939 bis Ende 1940 eine Zunahme des Chlorgehaltes von 13,95 auf 19,70 g im Liter. Inzwischen ist bis Ende 1952 der Chlorgehalt auf 37 g/l gestiegen, wobei sich gleichzeitig das Verhältnis Ca:Mg auf 1:3,3 erhöht hat. An einer anderen Stelle der Tiefenorter Auslaugungszone ist der Chlorgehalt des austretenden Grundwassers auf 50,8 g/l, das Verhältnis Ca:Mg auf 1:5,6 angewachsen. Die Entfernung vom Schluckbrunnen Kaiseroda I beträgt etwa 2 km.

Seit 1943 wurde das versalzene Grundwasser im Bereich der Tiefenorter Auslaugungszone künstlich abgesenkt. Auch während der Versenkruhe im Jahre 1945 und nach Wiederaufnahme der Versenkung im Jahre 1946 wurde der Pumpbetrieb weitergeführt. Dabei blieb die Versalzung in den Randgebieten niedrig. Wegen der abnorm niedrigen Wasserführung und der hohen Versalzung der Werra wurde das Abpumpen der Grundwasserbrunnen im September und Oktober 1947 eingestellt, ohne daß der Grundwasserspiegel nennenswert anstieg. Es wurde jedoch beobachtet, daß sich auf dem Flußgrund der Werra Lauge ansammelte und daß mithin das versalzene Grundwasser in den Alluvialkiesen unterirdisch zur Werra abfloß.

Später mußte — um Schäden in den Wiesen zu vermeiden — das Grundwasser wieder künstlich gesenkt werden. Im Jahre 1951 wurden durch den Pumpbetrieb rund 1,9 Millionen m^3 salziges Grundwasser der Werra zugeführt, wobei in der gleichen Zeit rund 4 Millionen m^3 Kaliabwässer in den Schluckbrunnen von Kaiseroda versenkt wurden. Der Wiederaufstieg von Salzwässern hat demnach bei Tiefenort bereits erhebliche Ausmaße angenommen, wobei insbesondere das Zunehmen des Salzgehaltes der abgepumpten Wässer von ausschlaggebender Bedeutung ist.

Nach den seit 1935 durchgeführten Beobachtungen unterliegt es keinem Zweifel, daß sich ein erheblicher Teil der in Kaiseroda versenkten Endlauge in das Gebiet der Tiefenorter Senke vorschiebt und in dieser nicht nur den Plattendolomit, sondern auch die hangenden Schichten des Oberen Lettens, Bröckelschiefers und Unteren Buntsandsteins mehr und mehr anfüllt. Daß sich die Endlauge vom Schluckbrunnen Kaiseroda I tatsächlich in nördlicher Richtung ausbreitet, ist beim Niederbringen des Schluckbrunnens Kaiseroda VI einwandfrei festgestellt worden. Der Schluckbrunnen VI erbrachte nach dem Anbohren des Plattendolomits einen kräftigen Zufluß (400—600 l pro Minute) von reiner Endlauge, deren Zusammensetzung mit der Versenklauge im Schluckbrunnen I übereinstimmte.

Faßt man die im Gebiet von Kaiseroda und Heiligenroda bei der Endlaugenversenkung bisher gesammelten Beobachtungen zusammen, so zeigt sich, daß ein Abfluß der eingeleiteten Endlauge in Richtung des Schichtfallens bisher nur in beschränktem Umfang stattgefunden haben kann. Die Abflußgeschwindigkeit ist in dieser Richtung offenbar sehr gering und wesentlich niedriger als die Einleitungsgeschwindigkeit. Die eingeleitete Endlauge folgt im Plattendolomit vielmehr dem Wege des geringsten Widerstandes und füllt die Räume auf, in denen die Gesteinsfolge durch Auslaugungs- und Zersetzungsvorgänge eine gewisse Auflockerung erfahren hat. Insbesondere dürfte sich die Endlauge auf die größeren Auslaugungssenken vorschieben, in denen nicht nur der Plattendolomit, sondern auch das stark aufgelockerte Deckgebirge erhebliche Laugenmengen aufzunehmen vermögen. Es ist deshalb damit zu rechnen, daß sich die in Kaiseroda und Heiligenroda eingeleitete Endlauge bisher im wesentlichen im Bereich des Werratales zwischen Salzungen und Vacha ausgebreitet hat und daß hier wiederum namentlich die Auslaugungssenken (Tiefenort, Oberzella, nördlich Kieselbach usw.) einen großen Teil der Abwässer aufgenommen haben. Darüber hinaus ist anzunehmen, daß nicht nur im Bereich der Auslaugungssenken, sondern auch im übrigen Gebiet Endlauge bzw. mit Endlauge vermischtes Plattendolomitwasser auf

Klüften, Störungszonen usw. aus dem Plattendolomit in das Deckgebirge aufsteigen, und daß also im Laufe der Zeit auch die Grundwässer im Buntsandstein eine langsam zunehmende Versalzung erfahren werden. Darauf deuten u. a. die Veränderungen des Grundwassers in den für Zwecke der *Wasserentnahme* niedergebrachten *Tiefbrunnen* Heiligenroda I, Heiligenroda II und Kaiseroda II hin. In diesen Brunnen hat nicht nur der Gesamtgehalt an Chloriden, sondern z. T. auch der Chlormagnesiumgehalt eine auffällige Zunahme erfahren.

In der Umgebung der *Kaliwerke Hattorf und Unterbreizbach* liegen die Schluckbrunnen Hattorf I—VII, Philippsthal-Ost, Pferdsdorf, Buttlar 2 sowie die Versuchsbohrungen Mannsbach, Völkershausen und Mosa. Sämtliche Bohrungen haben den Plattendolomit erst in größeren Teufen erreicht und ihn überwiegend als dichtes Gestein angetroffen. Nach den im Abschnitt I dieses Gutachtens gemachten Ausführungen wäre daher im allgemeinen in der Umgebung des Werkes Hattorf und im unteren Ulstertal nur mit einer geringen Laugenaufnahmefähigkeit des Plattendolomits zu rechnen. Dementsprechend haben auch die Schluckbrunnen Hattorf IV, VI, Pferdsdorf und die Versuchsbohrungen Mannsbach und Völkershausen, die bis in das unmittelbare Hangende des Plattendolomits verrohrt und zementiert wurden, nur eine geringe Schluckfähigkeit gezeigt. Auch der Schluckbrunnen Buttlar 2 hat im Plattendolomit keine nennenswerten Mengen aufgenommen. Bei dem Schluckbrunnen Hattorf V, der in der streichenden Fortsetzung einer Basaltintrusion niedergebracht wurde und unklare Gebirgsverhältnisse antraf, kann die mangelnde Laugenaufnahmefähigkeit eher auf dieser Ursache als auf der Gesteinsbeschaffenheit des Plattendolomits beruhen. An der Untersuchungsbohrung Mosa wurde noch kein Versenkungsversuch durchgeführt. Gute Schluckfähigkeit im Plattendolomit ergaben die Brunnen Hattorf II/III, Hattorf VII und Philippsthal-Ost.

Im einzelnen ist besonders folgendes von Interesse: Bei den im Ulstertal gelegenen Schluckbrunnen *Hattorf II/III*, die die Oberkante des Plattendolomits bei rund 503 m Tiefe angetroffen haben, erfolgte die Zementierung bei 344,8 bzw. 350 m unter Tage. Es stehen also in diesen beiden Brunnen 158 bzw. 153 m Gestein unverrohrt über dem Plattendolomit an. Es kann angenommen werden, daß sich die zwischen 399 und 503 m Teufe angetroffenen und durch Salzwasserausfluß erkannten Klüfte im Unteren Buntsandstein, Bröckelschiefer oder Oberen Letten an der Aufnahme der Endlauge beteiligen. Daß in den Schluckbrunnen II/III der Plattendolomit Endlauge aufnimmt, wird durch die rasche Zunahme des Salzgehaltes in der Solquelle Philippsthal bewiesen. Die Quelle, die vor 1936 einen gleichmäßigen Chlorgehalt von 12—13 g/l aufwies, zeigte nach Aufnahme des Versenkbetriebes in den Schluckbrunnen II/III eine Zunahme des Chlorgehaltes bis zu 48 g/l im Februar 1940. Im Juni 1940 wurde daraufhin das Bohrloch verfüllt.

In erster Linie dürfte die in den Schluckbrunnen II/III versenkte Endlauge jedoch in das Gebiet der dicht benachbarten Auslaugungssenke nördlich Unterbreizbach abgewandert sein. Das geht insbesondere aus der Veränderung des Plattendolomitwassers im Schacht Unterbreizbach hervor. Während der Chlorgehalt des Plattendolomitwassers im genannten Schacht 1930 37,9 g/l betrug, stieg er 1942 auf 49,7 g/l an. In den nachfolgenden Jahren wurden die Beobachtungen durch das Werk Unterbreizbach sorgfältig weitergeführt. Dabei ergab sich 1948 ein Chlorgehalt von 120 g/l bei einem Verhältnis Ca:Mg wie 1:4.

Aus diesen Beobachtungen ist deutlich erkennbar, daß Endlauge von den Schluckbrunnen Hattorf II/III in Richtung auf den Schacht Unterbreizbach abwandert. Sie muß dabei das Gebiet der Unterbreizbacher Auslaugungssenke durchfließen und wird wahrscheinlich im Bereich dieser ziemlich ausgedehnten Senke in das aufgelockerte Deckgebirge aufsteigen. Es ist infolgedessen nicht ausgeschlossen, daß im Bereich der Senke bzw. im Ulstertal nordöstlich Unterbreizbach schon in absehbarer Zeit Endlaugenaustritte bemerkbar werden.

Der seit 1944 in Betrieb stehende Schluckbrunnen *Hattorf VII* hat bis 1950 ohne Druck 4,9 Millionen m^3 Endlauge aufgenommen. Sein gutes Schluckvermögen ist jedenfalls auf die Nähe der Oberzellaer Senke zurückzuführen, in die die versenkte Lauge sehr wahrscheinlich abwandern wird. Eine Einwirkung auf die Vachaer Salzquellen ist indessen noch nicht nachzuweisen gewesen.

Bei dem Schluckbrunnen *Philippsthal-Ost* des Kaliwerkes Unterbreizbach ist die gute Aufnahmefähigkeit von 180 m^3 Stunde bei 3 atü offenbar ebenfalls auf die Nachbarschaft der Oberzellaer Auslaugungssenke zurückzuführen.

Die gute Laugenaufnahmefähigkeit der Schluckbrunnen Hattorf II/III, VII und Philippsthal-Ost *kann* nach den vorstehenden Ausführungen also auf besondere Umstände zurückgeführt werden. Bei Hattorf II/III kann sie durch die unmittelbare Nachbarschaft der Unterbreizbacher Auslaugungssenke und daneben durch die Beteiligung Salzwasser führender Spalten im Oberen Letten, Bröckelschiefer und Unteren Buntsandstein erklärt werden. Für die Schluckfähigkeit der Brunnen Hattorf VII und Philippsthal-Ost ist jedenfalls die Nähe der Oberzellaer Auslaugungszone ausschlaggebend. Die gute Laugenaufnahmefähigkeit dieser Schluckbrunnen braucht also nicht gegen die Annahme zu sprechen, daß der Plattendolomit im Bereich der Werke Hattorf und Unterbreizbach aus den eingangs erwähnten Gründen (große Tiefen) im ganzen wenig aufnahmefähig ist.

Allgemein gesehen ist jedenfalls in der Umgebung der Werke Hattorf und Unterbreizbach wenig Aussicht vorhanden, im Plattendolomit allein größere Endlaugenmengen unterzubringen. Auch für dieses Gebiet gewinnt man den Eindruck, daß ein Abfluß der eingeleiteten Endlaugen in Richtung des Schichtfallens bisher kaum erfolgt sein kann. Vielmehr dürften auch hier die versenkten Laugen in die nächstgelegenen Auslaugungsräume abgewandert sein, in denen der Plattendolomit und sein Deckgebirge aufgelockert und dadurch besonders aufnahmefähig geworden sind.

Im Jahre 1942 habe ich zur Frage der Endlaugenversenkung im Raume Hattorf Unterbreizbach schließlich noch folgendes ausgeführt:

„Bei dem Studium der Hattorfer Verhältnisse drängt sich der Gedanke auf, unter bestimmten Voraussetzungen auch den Buntsandstein zu einer Einleitung von Endlaugen zu benutzen. Wenn es gelingen sollte, in genügend tief liegende Buntsandsteinschichten bei Vorhandensein einer ausreichenden Abdichtung gegen das oberflächennahe Grundwasser größere Endlaugenmengen ohne erheblichen Druck einzuleiten, so wären zum mindesten gegen einen solchen Versuch keine grundsätzlichen Bedenken zu äußern. Vielleicht läßt sich ein Versuch in Zusammenhang mit einer geeigneten Aufschlußbohrung vornehmen. Selbstverständlich läßt sich eine Versenkung in den Buntsandstein mit Rücksicht auf den Schutz des oberflächennahen Grundwassers nicht allgemein durchführen. Wenn überhaupt, so kommt diese Möglichkeit nur für solche Gebiete (etwa die Umgebung des Werkes Unterbreizbach) in Betracht, in denen die erforderlichen geologischen Voraussetzungen erfüllt sind und in denen eine Versenkung in den Plattendolomit keinen Erfolg verspricht.“

Dieser Versuch ist im Jahre 1944 auf meinen Vorschlag hin an der Schluckbrunnen- und Untersuchungsbohrung *Buttlar 2* durchgeführt worden. Die Bohrung erschloß das nachstehende (zusammengefaßte) Profil:

bis 250,40 m	Mittlerer Buntsandstein
„ 548,00 m	Unterer Buntsandstein
„ 584,00 m	Bröckelschiefer
„ 595,00 m	Obere Letten des Oberen Zechsteins
„ 615,20 m	Plattendolomit des Oberen Zechsteins
„ 642,10 m	Untere Letten des Oberen Zechsteins
„ 648,10 m	Aequivalent des Basalanhydrits der Staßfurtserie

bis 657,15 m Braunroter Salzton
„ 872,50 m Oberes und Mittleres Steinsalz der Werraserie
„ 891,50 m Unteres Kalilager der Werraserie
„ 966,50 m Unteres Steinsalz der Werraserie
„ 969,70 m Unterer Anhydrit der Werraserie
„ 970,40 m Zechsteinkalk

Zum Zwecke der Untersuchung der Schluckfähigkeit des Unteren Buntsandsteins, Bröckelschiefers, Oberen Lettens und Plattendolomits wurde das Bohrloch bei 262,20 m Teufe, also dicht unter der Oberkante des Unteren Buntsandsteins, mit einer Rohrtour von $11^3/_4''$ ∅ verrohrt und zementiert. Anschließend wurde weiter gebohrt. Bei 551, 587,50 und 615,50 m Bohrlochteufe wurden sodann durch Einpressen von Wasser nachstehende Versenkversuche unternommen:

Versenkversuche in der Bohrung Buttlar 2 im Jahre 1944

I. Unterer Buntsandstein:

1. Verrohrt bis 262,20 m
2. Sohle des Bohrloches bei 551 m

Dauer des Versuches min	Versenkt cbm	Aufn./Stunde cbm	Druck atü
30	30	60	9
50	70	84	8
40	70	105	8
50	65	78	8
50	65	78	7
60	70	70	7
75	75	60	9
75	104	83,5	7—8
70	98	84	8—9
70	98	84	8—9
70	98	84	8
60	93	93	7—8
70	98	84	8
70	98	84	7—8

Durchschnitt 80 cbm/Stunde.

II. Unterer Buntsandstein und Bröckelschiefer:

1. Verrohrt bis 262,20 m
2. Sohle des Bohrloches bei 587,50 m

Dauer des Versuches min	Versenkt cbm	Aufn./Stunde cbm	Druck atü
50	60	72	6
40	68	102	7
50	74	88	7
40	69	103	6
50	69	82	7

Durchschnitt 89 cbm/Stunde.

III. Unterer Buntsandstein, Bröckelschiefer, Obere Letten und Plattendolomit:
1. Verrohrt bis 262,20 m
2. Sohle des Bohrloches bei 615,50 m

Dauer des Versuches min	Versenkt cbm	Aufn./Stunde cbm	Druck atü
50	70	84	6
70	115	98	6—7
80	130	97,5	6—7
50	89	102	6—8
60	94	94	6—8
50	94	112	6—8

Durchschnitt 97,8 cbm/Stunde.

Die Versuche haben gezeigt, daß es möglich ist, mäßig hohe Laugenmengen bei mittleren Versenkdrucken im Unteren Buntsandstein unterzubringen, daß hingegen die Aufnahmefähigkeit des Bröckelschiefers, Oberen Lettens und Plattendolomits gering ist. Eine Wiederholung der Versuche ist bei der Durchführung künftiger Aufschlußbohrungen im Gebiet des Werkes Unterbreizbach anzuraten.

Im Bereich des *Kaliwerkes Wintershall* liegen die Schluckbrunnen Heringen I, II und IIa. Sämtliche Brunnen sind im Hangenden des Plattendolomits verrohrt und bis zu Tage herauf zementiert. Während der Schluckbrunnen Heringen I bis zum Ende des Jahres 1950 die erhebliche Laugenmenge von rund 23 Millionen m^3 aufgenommen hat, haben sich die Schluckbrunnenbohrungen Heringen II und IIa als so wenig aufnahmefähig erwiesen, daß sie kaum in Betrieb genommen wurden. Nur in den Jahren 1943, 1944 und 1947 waren die Brunnen II und IIa behelfsweise angeschlossen. Der Plattendolomit zeigte insbesondere in den Schluckbrunnen Heringen I und IIa typische Zersetzungserscheinungen und muß an und für sich in der Umgebung von Heringen als gut aufnahmefähig angesehen werden. Der Mißerfolg der Schluckbrunnen Heringen II und IIa zeigt, daß auch in einem Gebiet mit sonst günstigen Voraussetzungen mit Fehlbohrungen gerechnet werden muß. Besonders charakteristisch ist in dieser Hinsicht die Bohrung Heringen IIa, die in ganz geringer Entfernung von dem gut aufnahmefähigen Schluckbrunnen Heringen I niedergebracht wurde.

Die anfangs mit geringem, später mit zunehmendem Druck durchgeführte Versenkung im Schluckbrunnen Heringen I hatte sich auf die Zusammensetzung des Plattendolomitwassers im Schacht Wintershall wie folgt ausgewirkt:

	Chlor g/l	Mg mg/l
1937	11,6	400
1938	12,0	—
1939	12,5	300
1940	14,7	657
1941	17,4	1013
1942	22,0	917

Der Schacht zeigte in der Zusammensetzung des Plattendolomitwassers also einen deutlichen, wenn auch noch nicht sehr starken Einfluß der Endlaugenversenkung. Für die Jahre 1929—1937 liegen leider keine Beobachtungen vor.

Seit dem Jahre 1944 wurden über die Zusammensetzung des Plattendolomitwassers im Schacht I der Gewerkschaft Wintershall folgende Untersuchungen angestellt:

	Cl g/l	Mg mg/l
1944	22,7—29,1	
1945 (2.2.)	30,6	
1946	16,3—27,0	
1947	19,9—28,4	
1948 (2.2.)	29,0	
1948 (1.4.)	28,0	
1948 (13.4.)	26,7	1701

Im ganzen zeigt sich also im Vergleich zu den früheren Jahren ein deutlicher weiterer Anstieg der Versalzung und auch eine wesentliche Zunahme des Gehaltes an Mg-Ionen.

Seit dem Jahre 1930 ist eine in der Werraaue östlich Widdershausen gelegene Quelle beobachtet worden, deren Salzgehalt sich allmählich erhöht hat. Die Untersuchung ergab als Jahreshöchstwerte:

1930	1800 mg Chlor pro Liter
1935	2490 mg Chlor pro Liter
1938	2790 mg Chlor pro Liter

Ebenso haben die Grundwasserbrunnen IV bei Heringen und V in der Flur Widdershausen zeitweise eine geringfügige Versalzung erkennen lassen.

Bedenklicher sind die Salzwasseraustritte, die sich nördlich des Dorfes Widdershausen (östlich der Straße und Eisenbahn) gezeigt haben. Der Zusammenhang mit der Endlaugenversenkung im Schluckbrunnen Heringen I steht außer Zweifel. Jedenfalls erfolgt der Aufbruch des Salzwassers im Zuge von Basaltgängen, die im Ostfeld der Grube Wintershall deutlich nachweisbar sind. Die Salzwasseraustritte liegen dicht am Auslaugungsrand der Salzlagerstätte; es ist daher möglich, daß Auslaugungsvorgänge das Auftreten des Salzwassers erleichtert haben. Die Versalzungserscheinungen auf den Wiesen nördlich Widdershausen weisen große Ähnlichkeit mit den Verhältnissen bei Tiefenort auf. Im Anschluß an die Versenkpause im Jahre 1945 ging die Versalzung auf 6 g Cl/l gegenüber dem Höchstgehalt von 10 g/l zurück. Im Sommer 1947 lagen die Beobachtungsrohre infolge des abnorm niedrigen Grundwasserstandes trocken. Im Jahre 1950 wurden Chlorgehalte von 28,4 g/l beobachtet, wobei das Verhältnis Ca:Mg 1:0,5 betrug. Man wird damit rechnen müssen, daß bei weiterer starker Versenkung im Schluckbrunnen Heringen I die Versalzung des Grundwassers bei Widdershausen wieder zunimmt und allmählich — wie bei Tiefenort — größeren Umfang erreicht. Im ganzen gewinnt man den Eindruck, daß die im Schluckbrunnen Heringen I versenkte Endlauge in nördlicher und nordwestlicher Richtung in die Hönebacher Senke abfließt. Eine teilweise Abwanderung nach Südosten, d. h. nach der Oberzellaer Auslaugungszone zu, liegt im Bereich der Möglichkeit, ist aber noch nicht erwiesen.

Von großem Interesse ist die Tatsache, daß der Schluckbrunnen Heringen I, der im Jahre 1944 infolge dauernder starker Beanspruchung an Aufnahmefähigkeit erheblich nachgelassen hatte, nach der Versenkruhe in den Jahren 1945/46 wieder seine frühere Schluckfähigkeit erlangte. Das zeigt deutlich, daß die versenkten Laugen nicht rasch genug abfließen können und daß bei übermäßiger Versenkung im Bereich der Schluckbrunnen Anstauungen von

Endlauge eintreten, die schließlich nicht ohne nachteilige Einwirkung auf das obenflächennahe Grundwasser bleiben.

Im Gebiet von *Dankmarshausen* bildet der Plattendolomit eine große Mulde, die sich von Gerstungen über Untersuhl, Obersuhl und Großensee nach Hönebach erstreckt und bei Obersuhl von einer Aufsattelung (Fortsetzung des Sattels von Heiligenroda und Alexandershall) unterbrochen wird. Östlich Berka zweigt sich von der Hauptmulde ein Seitenast in Richtung Horschlitt ab. Im Gebiet von Dankmarshausen ist bisher nur in den Plattendolomit des Schachtes Dankmarshausen Endlauge eingeleitet worden. Die Endlauge wurde durch eine Hauptleitung von 350 mm ∅ heruntergeführt. Die Einleitung in den Plattendolomit erfolgte durch Bohrlöcher, die durch die Schachtwandung hindurch in den Plattendolomit getrieben wurden. Insgesamt wurden 30 Löcher gebohrt, von denen 5 mit einem Durchmesser von 70 mm und 25 mit 50 mm ausgeführt wurden. Der Plattendolomit des Schachtes Dankmarshausen hat in den Jahren 1928 bis 1930 2208120 m^3 Endlauge des Kaliwerkes Alexandershall aufgenommen.

Südwestlich Dankmarshausen wurde im Jahre 1941 das Untersuchungsbohrloch *Kleinensee* niedergebracht, das gleichzeitig als Schluckbrunnen ausgebaut wurde. Bei den durchgeführten Versenkversuchen hat sich das Bohrloch Kleinensee als brauchbar erwiesen. Bei 4,5 atü nahm das Bohrloch stündlich 190 m^3 Wasser auf.

Das im Jahre 1942 fertiggestellte Versenkbohrloch *Obersuhl* traf die Oberkante des Plattendolomits bei 278,30 m an. Im Plattendolomit konnten nur einzelne Kernstücke gewonnen werden. Unter dem Rohrschuh und über dem Plattendolomit wurde Einsturzgebirge durchsunken, aus dem das Bohrloch sehr viel Nachfall erhielt. Der Plattendolomit erbrachte ein ganz schwach salziges Wasser (Chlorgehalt zuletzt nur 568 mg/l), das kein Magnesiumchlorid enthielt. Der Überlauf betrug rund 55 m^3 in der Stunde. Bemerkenswert ist, daß das ausfließende Wasser reichlich Dolomitsand führte. Anscheinend hat die Bohrung den Plattendolomit unter gestörten Lagerungsverhältnissen durchsunken. Die durchgeführten Versenkversuche verliefen ergebnislos.

Eine weitere Bohrung südlich *Untersuhl* traf einen verhältnismäßig dichten Plattendolomit an, in dessen Hangendem auffälligerweise kein Einsturzgebirge lag. Die Versenkversuche verliefen praktisch ergebnislos (im Durchschnitt 20 m^3 Versenkleistung je Stunde bei 16 atü). Der Überlauf aus dem Plattendolomit, der ebenfalls Sand mitbrachte, betrug stündlich 36 m^3.

Die in der Nähe des Werkes Alexandershall im Jahre 1943 niedergebrachte Schluckbrunnenbohrung *Alexandershall 8v* ergab aus dem Plattendolomit reichlichen Überlauf (81 m^3 Stunde bei 1,6 atü Bohrlochsdruck). Die über 47 Stunden ausgedehnten Versenkversuche zeigten eine Laugenaufnahmefähigkeit von 120 m^3 Stunde bei 16 atü.

Südwestlich von dieser Bohrung wurde im Jahre 1945 die Schluckbrunnenuntersuchungsbohrung *Alexandershall 9v* (bei Dippach) vollendet. Nach Anbohren des löcherigen und sandig zersetzten Plattendolomits traten Wasserzuflüsse bis zu 1000 l/min (60 m^3/Stunde) auf. Mit dem Wasser wurden erhebliche Mengen Dolomitsand in das Bohrloch eingespült. Versuche, eine 10½″ starke perforierte Rohrtour in der Plattendolomitzone abzusetzen, sind an der fortgesetzten Versandung gescheitert. Drei Versenkversuche blieben ohne Erfolg. Das Bohrloch wurde durch einen Verschluß gesichert.

Westlich des Schluckbrunnens Kleinensee wurde schließlich in den Jahren 1943/44 die Untersuchungsbohrung *Lehnberg* niedergebracht. Der Plattendolomit war in dieser Bohrung ziemlich dicht und ergab bei einem Versenkversuch bei 11 atü die minimale Aufnahmefähigkeit von 3,4 m^3/Stunde.

Wie die Versuchsbohrungen Untersuhl und Obersuhl gezeigt haben, scheinen die Voraussetzungen für die Versenkung von Endlauge im inneren Muldengebiet von Hönebach—Gerstungen nicht günstig zu sein. Man gewinnt den Eindruck, daß der Plattendolomit hier in hohem Maße sandig zersetzt ist und daß beim Einpressen von Lauge der im Gestein vorhandene Dolomitsand die aufnahmefähigen Klüfte, Schichtfugen und anderen Hohlräume versetzt und gewissermaßen wie ein Rückschlagventil wirkt. Es ist möglich, daß die Bedingungen für die Laugenversenkung an den Rändern der großen Mulde, insbesondere am Nordflügel des Heiligenrodaer Sattels, günstiger liegen. Darauf deutet namentlich die Untersuchungsbohrung Gospenroda hin, die im Plattendolomit einen außergewöhnlich rasch einsetzenden Spülverlust erhielt.

Es ist jedenfalls nach wie vor anzunehmen, daß die im Salzauslaugungsgebiet liegende Gerstunger Mulde große Laugenmengen aufzunehmen vermag.

Wenn man die beim Niederbringen und beim Betrieb von Schluckbrunnen in den einzelnen Versenkungsräumen gemachten Erfahrungen zusammenfaßt, so läßt sich feststellen, daß bisher keine Anzeichen dafür sprechen, daß die eingeleiteten Endlaugen der ursprünglichen Annahme entsprechend mit dem Einfallen des Plattendolomits in das Muldengebiet der Rhön abgeflossen sind. Wie bereits ausgeführt wurde, ist der Plattendolomit in größeren Tiefen und über intaktem Salzgebirge offenbar so dicht, daß in dieser Richtung die Abflußgeschwindigkeit der Endlaugen infolge hohen Reibungswiderstandes sehr viel geringer als die Einleitungsgeschwindigkeit ist. Die eingeleiteten Endlaugen werden infolgedessen dahin abfließen, wo der Plattendolomit durch Auslaugungs- und Zersetzungsvorgänge eine gewisse Auflockerung erfahren hat. Insbesondere werden sie in größere Auslaugungssenken abwandern, in denen auch die Möglichkeit eines Aufstieges in aufgelockerte Deckgebirgsschichten gegeben ist. Es ist daher wahrscheinlich, daß die Endlaugen von Kaiseroda und Heiligenroda — soweit sie sich nicht im Plattendolomit unterhalb des Werratales ausgebreitet haben — namentlich in die Auslaugungssenken bei Tiefenort, Oberzella usw. eingedrungen sind. Die von Hattorf versenkten Endlaugen werden vorzugsweise in das Gebiet der Unterbreizbacher Senke, zu einem wesentlichen Teil wohl aber auch in den Buntsandstein eingedrungen sein. Bei Wintershall dürfte der dort durch Zersetzungsvorgänge ziemlich poröse Plattendolomit einen wesentlichen Teil der versenkten Endlaugen enthalten. Wahrscheinlich sind aber auch erhebliche Laugenmengen in nördlicher Richtung in das Salzspiegelgebiet nördlich Widdershausen abgewandert. Die in Dankmarshausen eingeleiteten Laugen sind in einem ausgesprochenen Auslaugungsgebiet zur Versenkung gelangt.

Aus dem Gesagten läßt sich wohl erkennen, daß bei der Laugenversenkung im Werrakaligebiet die Lage der Schluckbrunnen zu den Salzauslaugungsgebieten eine erhebliche Rolle spielt. Eine Versenkung von Endlaugen in den tiefliegenden Plattendolomit der Rhönmulde, also im Bereich eines völlig intakten Salzgebirges, muß nach den bisherigen Erfahrungen als ziemlich aussichtslos angesprochen werden.

Der Versenkungsbetrieb hat sich entgegen der ursprünglichen Absicht insofern anders entwickelt, als in den wenigen gut aufnahmefähigen Schluckbrunnen infolge der steigenden Produktion der Werke sehr viel größere Endlaugenmengen untergebracht werden mußten. Dadurch hat sich das Verhältnis zwischen Abfluß- und Einleitungsgeschwindigkeit sehr verschlechtert und z. T. die *Anwendung stärkerer Versenkdrucke* notwendig gemacht. Die Folge davon ist, daß sich große Endlaugenmengen in der Umgebung der Schluckbrunnen angestaut und örtlich das Deckgebirge, wie z. B. bei Tiefenort und Widdershausen, durchbrochen haben. Bei Anwendung eines niedrigen Versenkungsdruckes oder bei einer Versenkung ohne Überdruck wäre es jedenfalls nicht zu diesen Erscheinungen gekommen. Selbstverständlich läßt sich dieses Ziel nur durch eine Vermehrung und bessere Verteilung der Schluckbrunnen erreichen.

Daß tatsächlich erhebliche Anstauungen von Endlauge durch die Überbeanspruchung der gut aufnahmefähigen Schluckbrunnen eintreten, zeigt insbesondere der Schluckbrunnen Heringen I, dessen Aufnahmefähigkeit bis zum Jahre 1945 deutlich nachgelassen hatte. Infolge der Versenkpause in den Jahren 1945/46 hat die eingepreßte Endlauge im Untergrund langsam abfließen können, so daß der Brunnen nach Wiederaufnahme des Versenkbetriebes seine frühere Leistungsfähigkeit zurückerlangte. Ähnlich verhalten sich die Schluckbrunnen des Werkes Kaiseroda. Daraus müßte man die Folgerung ziehen, die Versenkung bei allen stark beanspruchten Versenkbohrungen zeitweise auszusetzen, um einen besseren Abfluß der eingepreßten Endlaugen zu erzielen.

Leider hat sich der Mißstand einer ungenügenden räumlichen Verteilung der Schluckbrunnen, auf dem die örtliche Anstauung großer Endlaugenmengen im Untergrund beruht, immer noch nicht ausreichend abstellen lassen. Der Versenkraum Kaiseroda—Vacha ist überlastet; praktisch kaum genutzt ist das große Gebiet der Hönebach—Gerstunger Mulde.

Es ist nicht zu verkennen, daß sich die Gesamtlage der Endlaugenversenkung durch neue Schluckbrunnenbohrungen gebessert hat. Trotzdem muß aber die Forderung erhoben werden, in den geeigneten Aufnahmeräumen möglichst viele Schluckbrunnen niederzubringen und die Versenkung unter Verzicht auf größere Versenkdrucke auf ein größeres Gebiet auszudehnen. Daß dabei auch in sonst günstigen Gebieten Fehlbohrungen in Kauf genommen werden müssen, läßt sich nach den bisherigen Erfahrungen kaum umgehen.

Umgrenzung und Aufnahmefähigkeit der bisher in Anspruch genommenen Versenkungsgebiete

Der Versuch, die bisher in Anspruch genommenen Versenkungsgebiete abzugrenzen und ihre Aufnahmefähigkeit zu ermitteln, ist nicht einfach.

Am ehesten ist ein solcher Versuch noch für den Versenkungsraum von Kaiseroda und Heiligenroda möglich. Wenn man annimmt, daß sich der Plattendolomit dieses Gebietes im Westen bis zur Vachaer Flexur, im Norden unter Einbezug der Auslaugungssenken von Oberzella, Kieselbach und Tiefenort bis nahezu an den Schluckbrunnen Heiligenroda IV, im Osten bis in die Nähe von Salzungen und im Süden bis in den Bereich der Schluckbrunnen Kaiseroda V, II, IV und Heiligenroda II vollständig mit Lauge anfüllen würde, so wäre über dieser Grundfläche von 58 qkm bei einer Plattendolomitmächtigkeit von 20 m und einem Kluftvolumen (Auslaugungshohlräume eingeschlossen) von 10% eine Laugenmenge von $58000000 \times 20 \times 0{,}1 = 116000000$ cbm *allein im Plattendolomit* unterzubringen. Seit Beginn des Versenkbetriebes sind in diesem Gebiet durch die Schluckbrunnen der Werke Kaiseroda und Heiligenroda bis zum Jahre 1952 insgesamt 86 Millionen m^3 Endlauge in den Plattendolomit eingeleitet worden, also etwa $^3/_4$ der oben errechneten Menge. Der Betrag von 86 Millionen m^3 versenkter Endlauge kann sich noch um die Laugenmengen erhöhen, die dem Versenkraum Kaiseroda—Heiligenroda aus den Schluckbrunnen Hattorf VII, Heringen I und Philippsthal-Ost möglicherweise zugeflossen sind. Bei der Ermittelung der Aufnahmefähigkeit des Versenkraumes sind die Endlaugenmengen, die im Bereich von Auslaugungssenken und in deren Umgebung in den Buntsandstein eindringen können und um die sich die errechnete Kapazität des Gebietes erhöhen würde, außer Ansatz geblieben. Naturgemäß haften einer solchen Rechnung sehr viele Unsicherheiten an; immerhin zeigt sich aber dabei, daß der Versenkungsraum Kaiseroda—Heiligenroda noch nicht erschöpft sein kann und aller Voraussicht nach noch größere Laugenmengen aufzunehmen vermag. Es ist allerdings erforderlich, daß die Versenkanlagen besser als bisher über das Gebiet verteilt werden und daß bei den einzelnen Schluckbrunnen der Versenkungsdruck soweit wie irgend möglich herabgesetzt wird. Eine gewisse Entlastung wird eintreten, wenn die neuen Versenkbrunnen an der Südwestflanke des Heiligenrodaer Sattels in Betrieb genommen werden.

Eine Begrenzung des vom Kaliwerk Hattorf bisher in Anspruch genommenen Versenkraumes ist schwer durchführbar, da sicher erhebliche Mengen der versenkten Endlaugen in das Gebiet der Unterbreizbacher Auslaugungssenke und wohl auch in den Buntsandstein abgewandert sind. Allgemein gesehen sind für die Zukunft die Versenkungsmöglichkeiten für das Werk Hattorf nicht besonders günstig zu beurteilen, da der Plattendolomit in der weiteren Umgebung des Werkes nur wenig aufnahmefähig sein dürfte.

Ebenso ist es unmöglich, für den Versenkraum von Wintershall eine Umgrenzung anzugeben. Wahrscheinlich ist die im Schluckbrunnen Heringen I versenkte Endlauge nach Norden und Nordwesten in das Gebiet der Hönebacher Senke, z. T. vielleicht auch nach Südosten in Richtung auf die Oberzellaer Senke abgeflossen. Hier könnten sich die Versenkungsräume von Kaiseroda—Heiligenroda einerseits und Wintershall andererseits überschneiden.

Die im Schacht Dankmarshausen bisher versenkten Laugen sind ohne Zweifel in das Auslaugungsgebiet der Hönebacher und Gerstunger Mulde eingewandert. Der Versenkraum, der in diesen Muldengebieten zur Verfügung steht, ist so groß, daß die bisher versenkten Laugenmengen in keinem Verhältnis zu seinem Fassungsvermögen stehen. Wenn man den Plattendolomit im Bereich der Hönebacher, Gerstunger und Horschlitter Mulde nur bis zur Ordinate ± 0 mit Endlauge anfüllen würde, so ergäbe sich zwischen der Störung bei Hönebach und der Sallmannshäuser Verwerfung eine Aufnahmefähigkeit von etwa 200 Millionen m^3. Da der Plattendolomit jedoch wesentlich höher herauf mit Endlauge angefüllt werden könnte und in den genannten Muldengebieten infolge der Salzauslaugung auch der Buntsandstein aufnahmefähig sein dürfte, ist anzunehmen, daß in diesem Gebiet noch erheblich größere Endlaugenmengen unterzubringen sind.

Ganz allgemein ist zu sagen, daß sich eine Umgrenzung der bisher in Anspruch genommenen Versenkunsggebiete im einzelnen kaum durchführen läßt. Es kann lediglich mit ziemlicher Sicherheit angenommen werden, daß entgegen der ursprünglichen Auffassung größere Endlaugenmengen in die tieferen Muldengebiete der Rhön nicht abgeflossen sind, sondern daß sich die Endlaugen im wesentlichen da ausgebreitet haben, wo der Plattendolomit durch Auslaugungs- und Zersetzungsvorgänge eine gewisse Auflockerung erfahren hat und wo auch das Deckgebirge infolge von Auslaugungsvorgängen gelockert wurde und infolgedessen an der Laugenaufnahme teilnehmen konnte.

Wieviel Kaliabwässer in den bisher in Anspruch genommenen Versenkungsgebieten zukünftig noch in den Plattendolomit eingeleitet werden können, ist zahlenmäßig sehr schwer anzugeben. Aus den obigen Beispielen läßt sich jedoch immerhin ersehen, daß es *möglich erscheint, bei richtiger Verteilung der Versenkanlagen immer noch gewisse Laugenmengen in diesen Räumen unterzubringen.*

Zukünftige Versenkungsmöglichkeiten

Die zukünftigen Versenkungsmöglichkeiten sind nach dem gegenwärtigen Stand etwa wie folgt zu beurteilen:

a) Wesentliche Endlaugenmengen können zweifellos auch heute noch *im Werrakalirevier* selbst untergebracht werden.

Bei geeigneter Verteilung der Versenkanlagen und bei der Vermeidung hoher Versenkdrucke ist zunächst das Gebiet von *Kaiseroda—Heiligenroda* geeignet, auch in Zukunft noch Endlauge aufzunehmen.

Von besonderer Bedeutung ist weiterhin das Gebiet der *Hönebacher—Gerstunger* und *Horschlitter* Mulde, in dem aller Voraussicht nach recht erhebliche Laugenmengen versenkt werden können. Zusätzliche Schluckbrunnen wären an der Nordflanke des Heiligenrodaer Sattels zu erstellen.

Der Versenkungsraum der Hönebacher, Gerstunger und Horschlitter Mulde, der ja überwiegend im Salzauslaugungsgebiet liegt, wird sich voraussichtlich in mancher Hinsicht anders verhalten als das Versenkungsgebiet von Kaiseroda und Heiligenroda. Insbesondere ist hier ein stärkerer Aufstieg von Laugen in das Hangende wahrscheinlich. Da hierdurch Wasserversorgungen beeinträchtigt und überhaupt das oberflächennahe Grundwasser örtlich in Mitleidenschaft gezogen werden kann, ist eine ausgiebige Grundwasserkontrolle von vornherein notwendig.

Inwieweit unter gewissen Voraussetzungen eine Versenkung von Endlaugen in tiefliegende Buntsandsteinschichten möglich ist, bedarf nach dem Beispiel der Untersuchungsbohrung Buttlar 2 noch näherer Klärung. Es würde sich aber empfehlen, bei künftigen Aufschlußbohrungen diese Untersuchungen besonders für das Gebiet der Werke Unterbreizbach und Hattorf fortzusetzen.

Für die Zukunft läge eine gute Lösung der Endlaugenversenkung im Werrakaligebiet darin, daß man die Werke Kaiseroda, Heiligenroda, Hattorf mit Anschluß von Unterbreizbach, Wintershall, Alexandershall und von da zurück nach Heiligenroda durch eine Ringleitung verbindet und von dieser Ringleitung die Endlauge den abseits gelegenen Schluckbrunnen zuführt. Auf diese Weise ließen sich Störungen im Versenkbetrieb jederzeit überbrücken; außerdem wäre eine weit gleichmäßigere Verteilung der Endlaugen auf die einzelnen Versenkräume möglich.

Um übersehen zu können, welche Endlaugenmengen im Untergrund des Werragebietes verbleiben, ist es ratsam, für die Zukunft eine möglichst genaue Ermittlung der in der Werra bei Gerstungen monatlich bzw. jährlich abfließenden Chlormengen durchzuführen. Dazu ist eine laufende Kontrolle der an einer geeigneten Meßstelle durchfließenden Wassermengen und ihres Chlorgehaltes erforderlich. Die abfließenden Chlormengen setzen sich aus den von den Werken unmittelbar in die Werra eingeleiteten Chlormengen und aus dem Chloranteil zusammen, der der Werra aus den Salzwasseraustritten bei Tiefenort, Vacha, Widdershausen usw. teils sichtbar, teils unsichtbar zufließt. Zwischen den abfließenden Chlormengen bei Gerstungen einerseits und dem gesamten Chlorausstoß der Werke (bestehend aus direkter Einleitung in die Werra *und* Versenkung in den Untergrund) andererseits besteht eine Differenz, die den tatsächlich im Untergrund verbleibenden Chlormengen entspricht. Würde sich dieser Differenzbetrag im Laufe der Zeit wesentlich verringern, so würde man daraus auf ein Nachlassen der Aufnahmefähigkeit des Untergrundes schließen müssen.

b) *Außerhalb des bisher in Anspruch genommenen Versenkungsgebietes* ist wenig Möglichkeit gegeben, im *Plattendolomit* Endlaugen zu versenken. Am ehesten ist hierfür das Gebiet südlich Salzungen bis in die Gegend von Rosa, Zillbach und Schwallungen geeignet. Es ist anzunehmen, daß in diesem Raum, in dem der Plattendolomit noch keine beträchtlichen Teufen erreicht und in dem die Salzlagerstätte z. T. ausgelaugt ist, noch größere Endlaugenmengen unterzubringen sind. Weiter im Süden ist eine Versenkung von Laugen nicht mehr möglich, da der Plattendolomit rasch an Mächtigkeit abnimmt und in eine überwiegend tonige Fazies übergeht.

Außerhalb des weiteren Werrakaligebietes wäre an eine Versenkung von Abwässern im Plattendolomit des Fuldatales, etwa westlich von Hersfeld, Rotenburg und Baumbach zu denken. Inwieweit der Plattendolomit in diesem Gebiet für die Aufnahme von Endlaugen überhaupt geeignet ist, müßte vorerst durch Bohrungen und Versenkversuche geklärt werden.

Schlußfolgerungen

Faßt man die vorstehenden Überlegungen zusammen, so dürfte für die künftige Regelung der Endlaugenversenkung im Werrakaligebiet am zweckmäßigsten folgender Weg zu beschreiten sein:

1. Als aussichtsreichstes und durch die bisherige Laugenversenkung am wenigsten in Anspruch genommenes Gebiet kommen die aus der beifolgenden Strukturkarte (Abb. 2) ersichtlichen Mulden bei Hönebach, Gerstungen und Horschlitt in Frage. In diesem Gebiet stehen für die Laugenversenkung bereits der Schacht Dankmarshausen, die im Jahre 1941 niedergebrachte Bohrung Kleinensee sowie der Schluckbrunnen Alexandershall 8v zur Verfügung. Wie die Schluckbrunnenbohrungen Obersuhl und Untersuhl gezeigt haben, liegen die Voraussetzungen für die Versenkung von Endlaugen in den inneren Muldengebieten nicht günstig. Künftige Bohrungen wären in erster Linie am Nordflügel des Heiligenrodaer Sattels möglichst hoch in der Struktur anzusetzen.

2. In dem Versenkraum Kaiseroda—Heiligenroda muß angestrebt werden, die Endlaugeneinleitung durch die Erstellung von weiteren Schluckbrunnen am Südwestflügel des Heiligenrodaer Sattels — ebenfalls hoch in der Struktur liegend — besser zu verteilen und auf die Versenkung unter höheren Drucken möglichst ganz zu verzichten.

3. Eine zeitweise Außerbetriebsetzung stark beanspruchter Schluckbrunnen ist zur Erzielung eines besseren Abflusses der versenkten Endlaugen ratsam.

4. Die Möglichkeit der Endlaugeneinleitung in genügend tief liegende Buntsandsteinschichten im Bereich der Werke Unterbreizbach und gegebenenfalls auch Hattorf wäre — entsprechend dem Versuch an der Bohrung Buttlar 2 — bei Gelegenheit künftiger Untersuchungsbohrungen zu prüfen.

5. Zwecks besserer Verteilung der in den Untergrund zu versenkenden Endlaugen ist für die Zukunft eine Ringleitung anzustreben, an die sämtliche Werke angeschlossen sind.

6. Um Veränderungen in der Laugenaufnahmefähigkeit des Untergrundes für das gesamte Werrakalirevier erkennen zu können, wird empfohlen, die in der Werra monatlich bzw. jährlich abfließenden Chlormengen zu ermitteln und zu dem Chlorausstoß der Werke in Beziehung zu setzen.

7. Es ist ratsam, in Zukunft das Gebiet südlich Salzungen durch einige Bohrungen auf seine Laugenaufnahmefähigkeit zu untersuchen.

Wenn somit das Verfahren der Endlaugenversenkung der Kaliindustrie an der Werra für die nächste Zukunft die Möglichkeit bietet, immer noch erhebliche Abwässermengen in den Untergrund einzuleiten, so bleibt bei der steigenden Produktion der Werke und bei der in der Folgezeit zu erwartenden und weitgehenden Umstellung auf die Verarbeitung von Carnallit doch zu bedenken, daß die Laugenversenkung einer Beschränkung unterliegt und in den stärker beanspruchten Versenkungsräumen auf zunehmende Schwierigkeiten stoßen wird. Nach Lage der Verhältnisse kann die Laugenversenkung nur als eine Zwischenlösung angesehen werden, die geeignet ist, für das Werragebiet die Abwässerbeseitigung noch für etwa zwei bis drei Jahrzehnte zu sichern.

Was geschieht dann? Eine Verwertung der Kaliabwässer etwa zur Siedesalzgewinnung aus Kieseritwaschwässern scheidet aus, da der Kohlenverbrauch viel zu hoch und für die Menge des zu gewinnenden Kochsalzes keine Absatzmöglichkeit gegeben ist. Die Verarbeitung von Carnallitendlaugen kann die Abwässerbeseitigung etwas erleichtern.

Eine Verlegung der Kaliwerke an das Meer ist aus Transportgründen nicht durchführbar. Nach einer Mitteilung von F. Seifert (a. a. O. Seite 174) würden für den Abtransport von 30000 t Rohsalz allein für das Werrakaligebiet 24 Güterzüge mit 1430 Wagen täglich notwendig sein. Dazu kommen noch 9,5 Güterzüge mit 567 Wagen für den Abtransport der fertigen Fabrikprodukte. Ein derartiges Transportvolumen steht nicht zur Verfügung.

Bei der Beseitigung der Kaliabwässer an der Werra kommt man zur Zeit mit der Einleitung der Endlaugen in den Vorfluter und mit der Versenkung in den tieferen Untergrund *noch* aus. Es ist aber abzusehen, daß die Möglichkeit der Abwässerversenkung in zwei bis drei Jahrzehnten erschöpft ist, zumal der Endlaugenanfall infolge der unvermeidbaren Verarbeitung größerer Carnallitmengen steigen wird. Da vorläufig noch keine konkreten Anhaltspunkte dafür vorliegen, daß durch neue Verarbeitungsmethoden der Anfall von Endlaugen vermieden oder sehr stark herabgesetzt werden kann, bleibt nur die Möglichkeit offen, in absehbarer Zukunft die Abwässer der Kaliwerke durch einen besonderen Kanal zur Nordsee abzuleiten. Für den Bau eines solchen Kanals sind von der Kali-Industrie — zunächst für das Wesergebiet — bereits mehrere Projekte ausgearbeitet worden.

Da das Abwässerproblem aber auch in anderen Kalirevieren, in denen praktisch überhaupt keine Möglichkeit für die Versenkung von Abwässern besteht, wie z. B. am Südharz, infolge der unvermeidbaren Verarbeitung erheblich größerer Carnallitmengen bereits in Kürze eine ernste Rolle spielen dürfte, erscheint es dringend nötig, schon jetzt Voruntersuchungen über den Bau eines Abwässerkanals für die wichtigsten Kalireviere durchzuführen. Zur Zeit bietet der Bau eines Kanals die sicherste Grundlage für die Beseitigung der Kaliabwässer und damit für die Erhaltung und Ausweitung der deutschen Kali-Industrie.

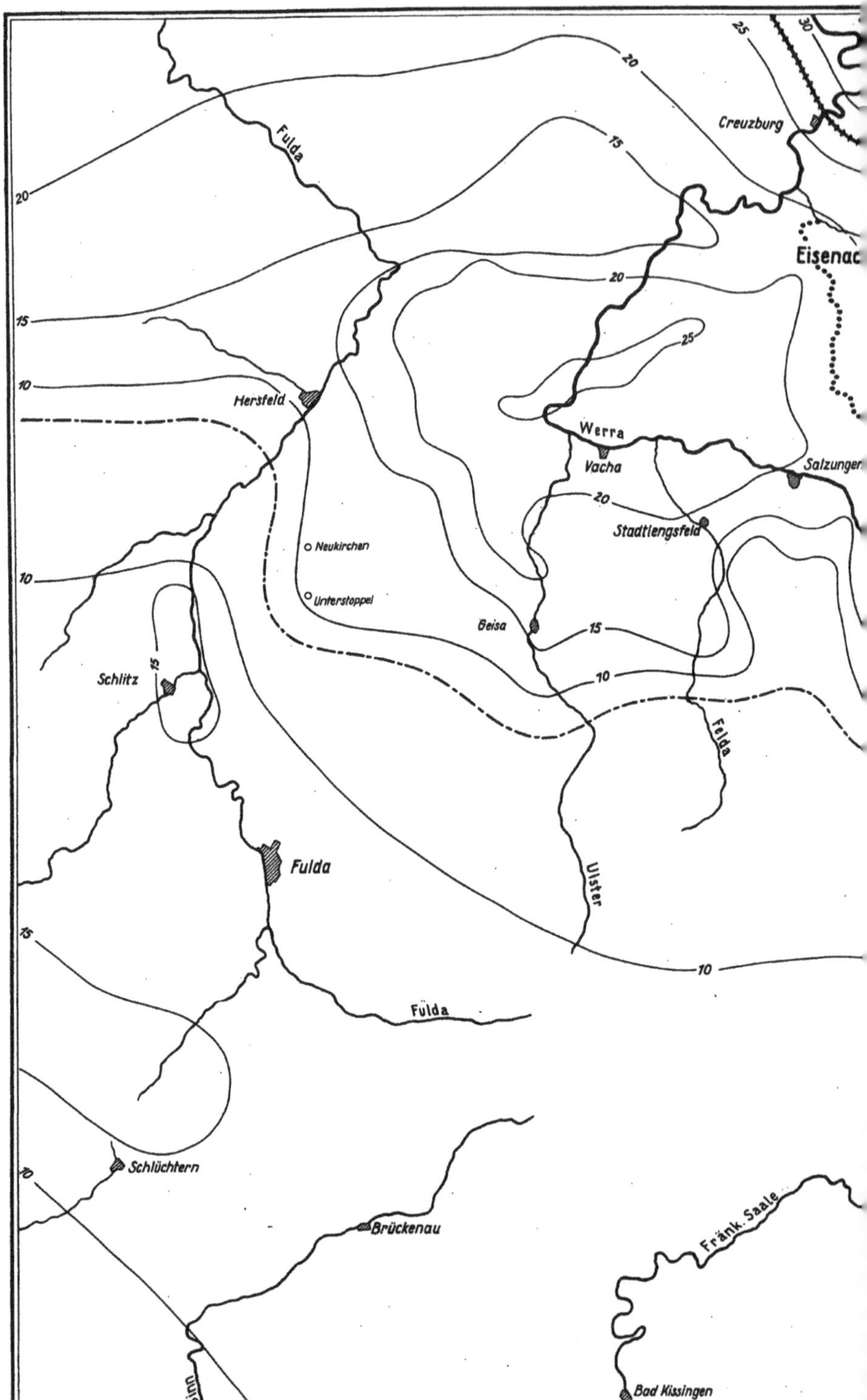

Fulda
Creuzburg
Eisenac
Hersfeld
Werra
Vacha
Salzungen
Stadtlengsfeld
Neukirchen
Unterstoppel
Beisa
Schlitz
Felda
Fulda
Ulster
Fulda
Schlüchtern
Brückenau
Fränk. Saale
Sinn
Bad Kissingen
Gemünden
Main

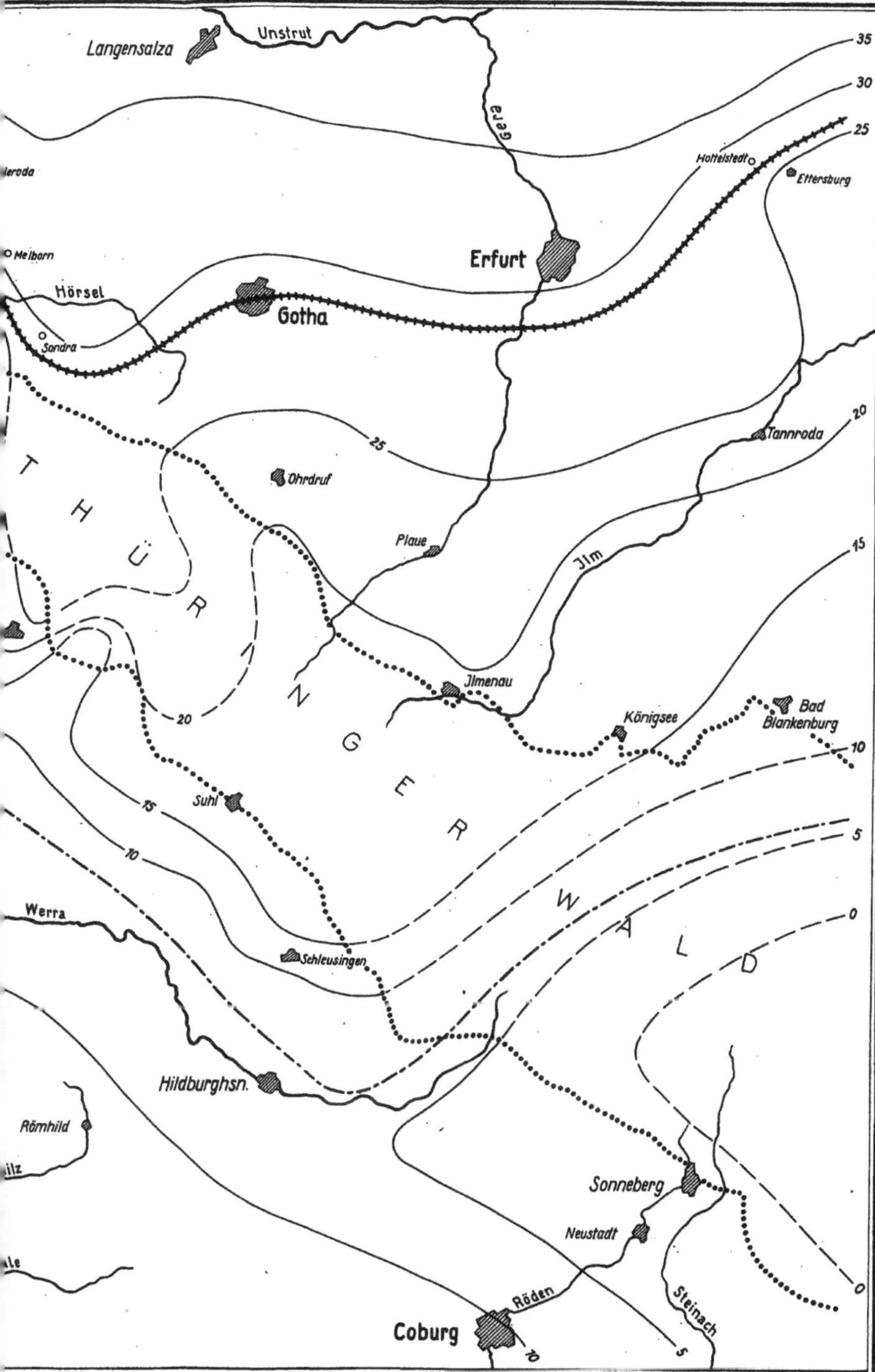

…sbereiche und Mächtigkeit des Plattendolomits
…d seiner Äquivalente im Werragebiet und dessen
weiterer Umgebung

0 5 10 15 20 25 30 35 40 Km

…enzen:

…anhydrit / Plattendolomit —·— *Plattendolomit / toniges Äquivalent mit Dolomit- bzw. Kalksteinlagen* –5– *Mächtigkeit in Metern*

Anlage 2

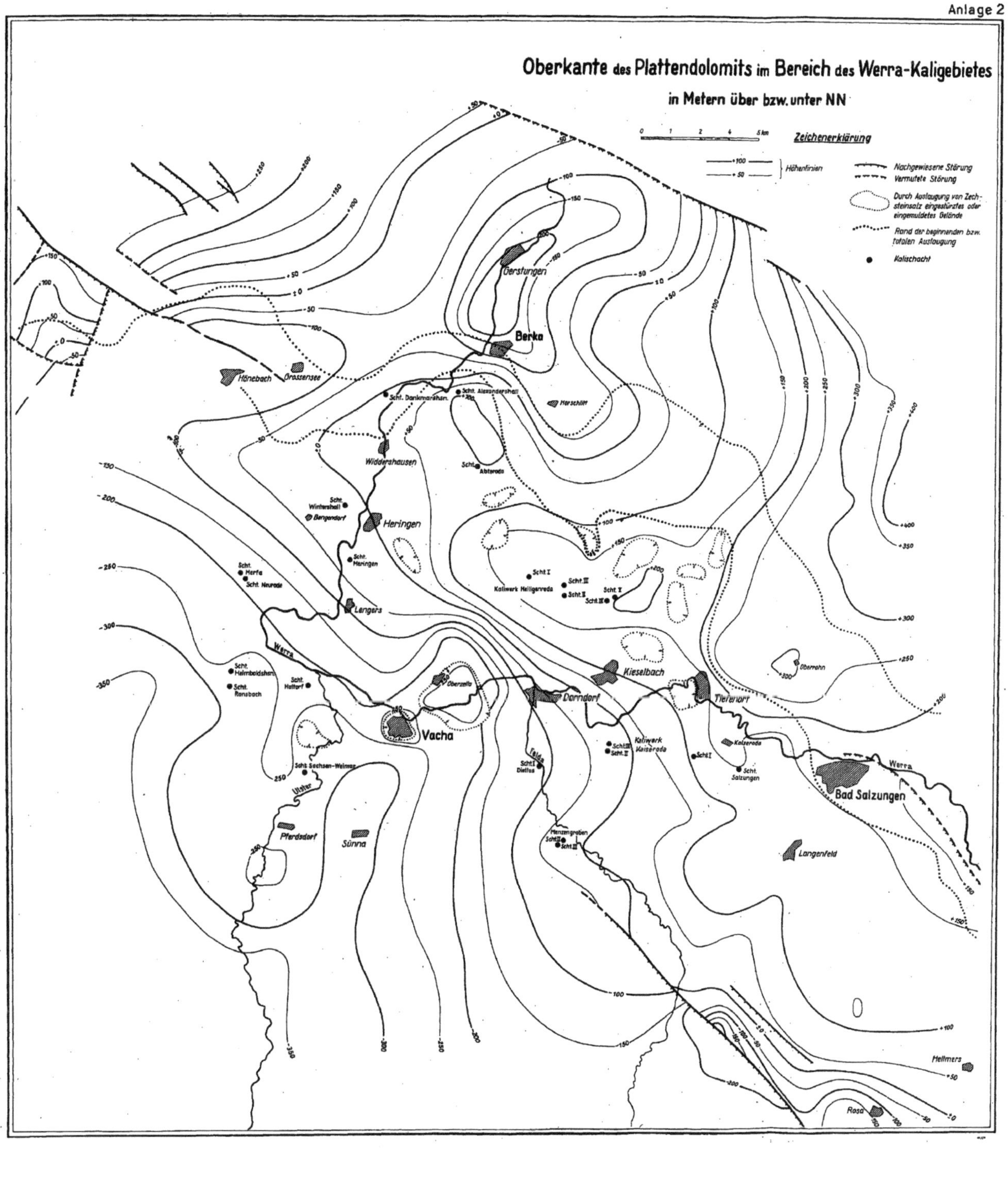

Oberkante des Plattendolomits im Bereich des Werra-Kaligebietes
in Metern über bzw. unter NN
Zeichenerklärung
Höhenlinien
Nachgewiesene Störung
Vermutete Störung
Durch Auslaugung von Zechsteinsalz eingestürztes oder eingemuldetes Gelände
Rand der beginnenden bzw. totalen Auslaugung
Kalischacht
Gerstungen
Berka
Hönebach
Grossensee
Widdershausen
Heringen
Lengers
Vacha
Oberzella
Dorndorf
Kieselbach
Tiefenort
Bad Salzungen
Langenfeld
Pferdsdorf
Sünna
Oberrohn
Helmers
Rosa
Werra
Ulster
Felda
Kaliwerk Heiligenroda
Kaliwerk Kaiseroda
Schacht Sachsen-Weimar